大学数学同步练习与提高系列丛书

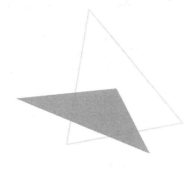

U0191830

复变函数与积分变换
同步练习与提高

主　编　王丽霞　董玉娟　张真真

江苏大学出版社
JIANGSU UNIVERSITY PRESS

镇　江

图书在版编目(CIP)数据

复变函数与积分变换同步练习与提高 / 王丽霞,董
玉娟,张真真主编. —镇江:江苏大学出版社,2022.8(2024.8重印)
ISBN 978-7-5684-1846-1

Ⅰ.①复… Ⅱ.①王… ②董… ③张… Ⅲ.①复变函
数－高等学校－教学参考资料②积分变换－高等学校－教
学参考资料 Ⅳ.①O174.5②O177.6

中国版本图书馆 CIP 数据核字(2022)第 134967 号

复变函数与积分变换同步练习与提高
Fubian Hanshu yu Jifen Bianhuan Tongbu Lianxi yu Tigao

主　　编/王丽霞　董玉娟　张真真
责任编辑/张小琴
出版发行/江苏大学出版社
地　　址/江苏省镇江市京口区学府路 301 号(邮编:212013)
电　　话/0511-84446464(传真)
网　　址/http://press.ujs.edu.cn
排　　版/镇江文苑制版印刷有限责任公司
印　　刷/镇江文苑制版印刷有限责任公司
开　　本/787 mm×1 092 mm　1/16
印　　张/6.25
字　　数/73 千字
版　　次/2022 年 8 月第 1 版
印　　次/2024 年 8 月第 3 次印刷
书　　号/ISBN 978-7-5684-1846-1
定　　价/25.00 元

如有印装质量问题请与本社营销部联系(电话:0511-84440882)

总　序

　　大学数学系列课程(高等数学、线性代数、概率论与数理统计)是工科类、经管类等本科专业必修的公共基础课,部分工科专业还开设"复变函数与积分变换"等数学课程.这些课程的知识广泛应用于自然科学、社会科学、经济管理、工程技术等领域,其内容、思想与方法对培养各类人才的综合素质具有不可替代的作用.大学数学系列课程着重培养学生的抽象思维能力、逻辑推理能力、空间想象能力、观察判断能力,以及综合运用所学知识分析问题、解决问题的能力.同时,大学数学系列课程也是高校开展数学素质教育,培养学生的创新精神和创新能力的重要课程.

　　为帮助学生学好大学数学系列课程,提高学习效果,江苏大学京江学院数学教研室全体教师及部分长期在江苏大学京江学院从事数学教学的江苏大学本部教师,根据教育部高等学校大学数学课程教学指导委员会制定的最新的课程教学基本要求,集体讨论、充分酝酿、分工合作,认真组织编写了"大学数学同步练习与提高"系列丛书.本丛书共五册,分别为《高等数学同步练习与提高》《高等数学试卷集》《线性代数同步练习与提高》《概率统计同步练习与提高》和《复变函数与积分变换同步练习与提高》.这套丛书是江苏大学京江学院办学二十余年来大学数学课程教学的重要成果之一.

　　四册"同步练习与提高"根据编写组多年来在相应课程及其习题课方面的经验,在多年使用的课程练习册讲义的基础上,参考相关教学辅导书精心编写而成.该丛书针对当前普通高校本科学生的学习特点和知识结构,对课程内容按章节安排了主要知识点回顾和典型习题强化练习,在习题的选取上致力于对传统内容的更新、补充和层次化(其中打 * 的是要求高、灵活性大的综合题).除此之外,还按章配备了单元测试和模拟试卷(参考答案扫描二维码即可获得),其中高等数学模拟卷单独成册,以便学生打好基础,把握重点.四册"同步练习与提高"相对于教材具有一定的独立性,可作为本科生学习大学数学系列课程的同步练习,也可作为研究生入学考试备考时强化基础知识用书.四册"同步练习与提高"的主要特色在于一书三用:1.同步主要知识点,帮助学生总结知识,形成知识体系,具有知识总结的功能;2.精心编制与教学同步的习题,帮助学生强化课程基础知识与基本技能,具有练习册的功能;3.精心编制单元测试及课程模拟试卷,助力学生系统掌握课程内容,做好期末考试的复习准备.

《高等数学试卷集》主要由工科类专业学生学习的高等数学(A)上、高等数学(A)下和经管类专业学生学习的高等数学(B)上、高等数学(B)下期末模拟考试选编试题及近几年江苏大学京江学院高等数学竞赛真题汇编而成,共计35套试题.其中,模拟试卷是在历年期末考试试题的基础上,充分考虑知识点的覆盖面及最新题型后精心修订而成的.同时,以附录的形式介绍了江苏大学京江学院高等数学竞赛、江苏省高等数学竞赛、全国大学生数学竞赛三项与高等数学相关的赛事,以及江苏大学京江学院学生近几年在上述赛事中取得的优异成绩.本书可作为本科生同步学习及备考高等数学的复习用书,也可作为研究生入学考试备考时强化基础知识用书.其主要特色在于:1.模拟试题题型丰富,知识点覆盖全面,注重考查基本知识和基本技能,以及学生运用数学知识解决问题的能力,也兼顾了数学思想的考查;2.所有试题提供参考答案,方便学生使用;3.普及并推广了数学竞赛(校赛、省赛、国赛).

在"大学数学同步练习与提高"系列丛书编写过程中,我们参考了国内外众多学校编写的教学辅导书及兄弟学校期末、竞赛试题,融入自身的教学经验,结合实际,反复修改,力求使本丛书受到读者的欢迎.在编写与出版过程中,得到了江苏大学出版社领导的大力支持和帮助,得到了江苏大学京江学院领导的关心和指导,编辑张小琴、孙文婷、郑晨晖、苏春晶为丛书的编辑和出版付出了辛勤的劳动,在此一并表示衷心的感谢! 由于编者水平有限,不妥之处在所难免,希望广大读者批评指正!

编 者

2022 年 7 月

 复变函数与积分变换

扫码查看参考答案

目　　录

第1章　复数与复变函数

一、主要知识点回顾

1. 复数的定义：复数是指形如＿＿＿＿＿＿＿（或＿＿＿＿＿＿）的表达式，其中 i 是虚数单位. x, y 为两个任意实数，分别称为复数 z 的＿＿＿＿和＿＿＿＿，记作＿＿＿＿＿＿＿.

2. 共轭复数：实部＿＿＿＿＿＿且虚部＿＿＿＿＿＿的两个复数称为共轭复数，与 $z = x + \mathrm{i}y$ 共轭的复数记作＿＿＿＿＿＿＿.

3. 复数的模和辐角：

(1) 复数 $z = x + \mathrm{i}y$ 的模 $|z| = r = $＿＿＿＿＿＿.在 $z \neq 0$ 的情况下，以＿＿＿＿＿＿为始边，以表示 z 的向量为终边的角 θ 称为复数 z 的辐角，记作 $\mathrm{Arg}\, z = \theta$.在 $z(z \neq 0)$ 的辐角中，满足条件＿＿＿＿＿＿＿的 θ 称为辐角的主值，记作 $\arg z = \theta_0$。

(2) 辐角的主值 $\arg z(z \neq 0)$ 与反正切的主值 $\arctan \dfrac{y}{x}$ 的关系：

$$\arg z = \begin{cases} \underline{\qquad\qquad}, & z \text{ 在第一、四象限,} \\ \underline{\qquad\qquad}, & z \text{ 在第二象限,} \\ \underline{\qquad\qquad}, & z \text{ 在第三象限,} \\ \underline{\quad}\text{或}\underline{\quad}, & z \text{ 在 } x \text{ 轴正或负半轴上,} \\ \underline{\quad}\text{或}\underline{\quad}, & z \text{ 在 } y \text{ 轴正或负半轴上,} \end{cases} \quad \text{且 } \mathrm{Arg}\, z = \arg z + \underline{\qquad}.$$

4. 复数的几种表示方法：代数表示式＿＿＿＿＿＿＿，三角表示式＿＿＿＿＿＿＿，指数表示式＿＿＿＿＿＿＿.

5. 复数的乘幂与方根：设 $z = r\mathrm{e}^{\mathrm{i}\theta} = r(\cos\theta + \mathrm{i}\sin\theta)$，则 $z^n = $＿＿＿＿＿＿＿＿，$\sqrt[n]{z} = $＿＿＿＿＿＿＿＿.

二、典型习题强化练习

1. 求下列复数的实部、虚部、模、辐角与共轭复数：

(1) $z = \dfrac{1+\mathrm{i}}{1-\mathrm{i}}$;

(2) $z = (\sqrt{3} - i)(-1 + i\sqrt{3})$.

2. 将下列复数化为三角形式和指数形式：

(1) $z = \sqrt{3} - i$；

(2) $z = \sin \dfrac{2\pi}{5} + i \cos \dfrac{2\pi}{5}$.

3. 求下列各式的值：

(1) $\sqrt[3]{i}$；

(2) $(1 + i)^6$.

4. 在复数范围内解下列方程：

(1) $z^4 + 1 = 0$；

(2) $(z+i)^5 - 1 = 0$.

5. 指出下列各式中点 z 的轨迹或所确定的区域，并用图形表示：

(1) $|z-i| = |z+1|$；

(2) $\arg(z-i) = \dfrac{\pi}{4}$.

6. 将下列方程(其中 t 为实参数)给出的曲线用一个实直角坐标方程表示：

(1) $z = t^2 + \dfrac{i}{t}$；

（2）$z = a\mathrm{e}^{\mathrm{i}t} + b\mathrm{e}^{-\mathrm{i}t}$.

7. 写出下列曲线在复平面上的参数方程：

（1）以(1,1)为圆心、2 为半径的圆周；

（2）虚轴上从 $-\mathrm{i}$ 到 i 的直线段.

8. 设 $|z| = 1$，α 为任意复数，试证：$\left| \dfrac{z - \alpha}{1 - z\bar{\alpha}} \right| = 1$.

9. 证明：复平面上圆的方程可以写成 $z\bar{z}+\alpha\bar{z}+\bar{\alpha}z+c=0$（其中 α 为复常数，c 为实常数）.

10. 画出下列不等式所确定的区域，并指明它是有界的还是无界的，是单连通的还是多连通的：

（1）$0<\text{Im } z<1$；

（2）$|z+2|>4$；

（3）$1\leqslant|z-\text{i}|\leqslant4$.

11. 求出下列复变函数 $f(z)=u(x,y)+iv(x,y)$ 的实部 $u(x,y)$ 和虚部 $v(x,y)$：

(1) $f(z)=z^3$；

(2) $f(z)=\dfrac{i}{z}$.

12. 证明复变函数 $w=\ln|z|+i\arg z$ 在原点与负实轴上不连续.

第 2 章　解析函数

一、主要知识点回顾

1. 复变函数的导数：

(1) 点可导：设函数 $w=f(z)$ 在 $z=z_0$ 的邻域内有定义，$z_0+\Delta z$ 也属于此邻域，则相应的函数增量为 $\Delta w=$ ＿＿＿＿＿＿＿＿＿，$f'(z_0)=\dfrac{\mathrm{d}w}{\mathrm{d}z}\Big|_{z=z_0}=$ ＿＿＿＿＿＿＿＿．

(2) 区域可导：若函数 $w=f(z)$ 在区域 D 内＿＿＿＿＿＿可导，则称 $w=f(z)$ 在区域 D 内可导．

2. 解析函数的概念：

(1) 点解析：函数 $w=f(z)$ 在＿＿＿＿＿＿＿＿＿处处可导，则称 $w=f(z)$ 在点 z_0 解析．

(2) 区域解析：函数 $w=f(z)$ 在区域 D 内＿＿＿＿＿＿解析，则称 $w=f(z)$ 在区域 D 内解析．

(3) 若 $f(z)$ 在点 z_0 不解析，则称 z_0 为函数 $f(z)$ 的＿＿＿＿＿＿．

(4) 在一点处：可导＿＿＿＿＿＿解析；在区域内：可导＿＿＿＿＿＿解析．(填"⇔"或"⇒"或"⇐")

3. 函数 $f(z)=u(x,y)+\mathrm{i}v(x,y)$ 可导与解析的充要条件：

(1) $f(z)$ 在点 $z_0=x_0+\mathrm{i}y_0$ 处可导的充要条件：＿＿＿＿＿＿＿＿＿＿＿＿＿

＿＿＿＿＿＿＿＿＿＿＿＿＿＿＿＿＿＿＿＿＿＿＿＿＿＿＿＿＿＿＿＿＿．

(2) $f(z)$ 在点 $z_0=x_0+\mathrm{i}y_0$ 处解析的充要条件：＿＿＿＿＿＿＿＿＿＿＿＿＿

＿＿＿＿＿＿＿＿＿＿＿＿＿＿＿＿＿＿＿＿＿＿＿＿＿＿＿＿＿＿＿＿＿．

(3) 函数 $f(z)$ 在区域 D 内解析的充要条件：＿＿＿＿＿＿＿＿＿＿＿＿＿＿＿

＿＿＿＿＿＿＿＿＿＿＿＿＿＿＿＿＿＿＿＿＿＿＿＿＿＿＿＿＿＿＿＿＿．

4. 在区域 D 内解析的函数 $f(z)=u(x,y)+\mathrm{i}v(x,y)$ 的特征：

(1) 实部和虚部一定满足＿＿＿＿＿＿＿＿＿＿＿＿＿＿＿＿＿＿＿＿＿＿＿＿＿

(2) 将 $x=\dfrac{z+\bar{z}}{2}$，$y=\dfrac{z-\bar{z}}{2\mathrm{i}}$ 代入 $f(z)=u(x,y)+\mathrm{i}v(x,y)$，整理后式中不含＿＿＿＿＿＿

而只含 z．

5. 初等函数：

(1) 指数函数：设 $z = x + iy$，则 $w = e^z =$ _____ ，$|z| =$ _____ ，Arg $z =$ _____ ，且 $\dfrac{d}{dz}(e^z) =$ _____ .

(2) 对数函数：$w = \mathrm{Ln}\ z =$ _____（多值函数）；主值：$\ln z =$ _____

_____（单值函数）；$w = \mathrm{Ln}\ z$ 的每一个单值分支在 _____

的复平面内处处解析，且 $\dfrac{d}{dz}(\mathrm{Ln}\ z) =$ _____ .

$\mathrm{Ln}\ z^n = n\mathrm{Ln}\ z\ (n \in \mathbf{Z})$ 成立吗？ _____ .

(3) 幂函数：$w = z^\alpha =$ _____（$z \neq 0$），其中 α 是复常数.

幂函数在 _____ 的复平面内解析，且 $\dfrac{d}{dz}(z^\alpha) =$ _____ .

(4) 三角函数：正弦函数 $\sin z =$ _____ ，余弦函数 $\cos z =$ _____ ，

$\sin z$ 和 $\cos z$ 在 _____ 解析，且 $\dfrac{d}{dz}(\sin z) =$ _____ ，

$\dfrac{d}{dz}(\cos z) =$ _____ .

二、典型习题强化练习

1. 选择题：

(1) 函数 $f(z)$ 在点 z 可导是 $f(z)$ 在点 z 解析的 （　　）

A. 充分不必要条件　　　　　　　　B. 必要不充分条件

C. 充要条件　　　　　　　　　　　D. 既不充分又不必要条件

(2) 解析函数 $f(z) = u(x,y) + iv(x,y)$ 的导函数为 （　　）

A. $u_x + iu_y$　　　　　　　　　　B. $u_x - iu_y$

C. $u_x + iv_y$　　　　　　　　　　D. $u_y + iv_x$

(3) 在复平面上，下列关于正弦函数 $\sin z$ 的命题错误的是 （　　）

A. $\sin z$ 是周期函数　　　　　　　B. $\sin z$ 是解析函数

C. $|\sin z| = 1$　　　　　　　　　　D. $\dfrac{d}{dz}(\sin z) = \cos z$

(4) 设 $z = x + iy$，则指数函数 e^z 的模是 （　　）

A. e^x　　　　　B. e^y　　　　　C. $e^{\sqrt{x^2+y^2}}$　　　　　D. e^{x+y}

(5) 以下说法错误的是 （　　）

A. 指数函数 e^z 具有周期

B. 幂函数 z^α（α 为非零的复常数）是多值函数

C. 对数函数 $\mathrm{Ln}\ z$ 为多值函数

D. 在复数域内 $\sin z$ 和 $\cos z$ 都是有界函数

2. 下列函数 $f(z)$ 在何处可导？在何处解析？

(1) $f(z) = x^2 + \mathrm{i}xy$；

(2) $f(z) = |z|^2 - \mathrm{i}\,\mathrm{Re}\,z^2$；

(3) $f(z) = \dfrac{1}{z^2 + 1}$.

3. 求下列函数的奇点：

(1) $f(z) = \dfrac{z^2 + 1}{z(z^2 + 3)}$；

（2）$f(z) = \dfrac{1}{z^{10} + a^{10}} (a > 0)$；

（3）$f(z) = \tan(\pi z)$.

4. 设函数 $f(z) = my^3 + nx^2 y + \mathrm{i}(x^3 + lxy^2)$ 在复平面上为解析函数，求常数 l, m, n 的值.

5. 证明：已知函数 $f(z) = u + \mathrm{i}v$ 在区域 D 内解析，并满足下列条件之一，则 $f(z)$ 在 D 内是一个常数.

（1）$\overline{f(z)} = u - \mathrm{i}v$ 在区域 D 内解析；

(2) $|f(z)|$ 在区域 D 内是一个常数.

6. 解下列方程：

(1) $e^z + i = 0$；

(2) $\sin z + \cos z = 0$.

7. 求下列各式的值：

(1) $e^{2 - i\frac{\pi}{4}}$；

(2) $e^{k\pi i}$.

8. 求下列各式的值与主值：

(1) $\text{Ln}(-3 + 4i)$；

（2）2^i；

（3）$(1-i)^i$；

（4）$1^{\sqrt{2}}$.

第 3 章 复变函数的积分

一、主要知识点回顾

1. 一个重要积分公式：

$$\oint_{|z-z_0|=r} \frac{\mathrm{d}z}{(z-z_0)^{n+1}} = \begin{cases} \underline{\hspace{3cm}}, & n=0, \\ \underline{\hspace{3cm}}, & n\neq 0, \end{cases} \text{其中 } n \text{ 为整数.}$$

2. 闭路变形原理：函数 $f(z)$ 沿区域内的闭曲线的积分，不因闭曲线在区域内作连续变形而改变它的值，只要在变形过程中＿＿＿＿＿＿＿＿＿＿＿＿＿＿＿＿＿＿＿＿＿.

3. $\int_L f(z)\mathrm{d}z\,(f(z)$ 不恒为零) 与路径无关的充分条件是＿＿＿＿＿＿＿＿＿＿＿＿＿

＿＿＿＿＿＿＿＿＿＿＿＿＿＿＿＿＿＿＿＿＿＿＿＿＿＿＿＿＿＿＿＿＿＿＿＿＿＿.

4. 复变函数积分的计算方法：

(1) 设曲线 L 的参数方程为 $z=z(t)=x(t)+\mathrm{i}y(t)$，$t:\alpha\to\beta$，则

$$\int_L f(z)\mathrm{d}z = \underline{\hspace{6cm}}.$$

(2) 柯西-古萨基本定理：设 C 为简单闭曲线，若 $f(z)$ 在 C 上连续，在 C 内处处解析，则 $\oint_C f(z)\mathrm{d}z = \underline{\hspace{4cm}}.$

(3) 复合闭路定理：设 C 为区域 D 内一条简单闭曲线，$C_1, C_2, \cdots, C_n$ 是在 C 内部的简单闭曲线，它们互不包含也互不相交，并且以 $C, C_1, C_2, \cdots, C_n$ 为边界的区域全含于 D，若 $f(z)$ 在 D 内解析，则

① $\oint_C f(z)\mathrm{d}z = \underline{\hspace{2cm}}\ \underline{\hspace{2cm}}$，其中 C 及 C_k 均取正方向，即逆时针方向；

② $\oint_\Gamma f(z)\mathrm{d}z = \underline{\hspace{2cm}}$，这里 Γ 为由 C 及 $C_k(k=1,2,\cdots,n)$ 所组成的复合闭路，其正方向是：C 取逆时针方向，C_k 取顺时针方向.

(4) 高阶导数公式（$n=0$ 时即为柯西积分公式）：

$$f^n(z_0) = \frac{n!}{2\pi\mathrm{i}}\oint_C \frac{f(z)}{(z-z_0)^{n+1}}\mathrm{d}z \quad (n=0,1,2,\cdots).$$

该公式中的 z_0 与 $f(z)$ 必须满足的条件为＿＿＿＿＿＿＿＿＿＿＿＿＿＿＿＿＿＿

＿＿＿＿＿＿＿＿＿＿＿＿＿＿＿＿＿＿＿＿＿＿＿＿＿＿＿＿＿＿＿＿＿＿＿＿＿＿.

5. 解析函数与调和函数的关系：

(1) 若二元实函数 $u(x,y)$ 在区域 D 内满足：① _____ ;

② _____ ,则称 $u(x,y)$ 是区域 D 内的调和函数.

(2) 若二元调和函数 $u(x,y)$ 和 $v(x,y)$ 满足 $\dfrac{\partial u}{\partial x}=\dfrac{\partial v}{\partial y},\dfrac{\partial u}{\partial y}=-\dfrac{\partial v}{\partial x}$,则称 _____

是 _____ 的共轭调和函数.

(3) $f(z)=u+iv$ 在区域 D 内是解析函数的充要条件是 _____

_____ .

6. 解析函数的特性：解析函数 $f(z)=u+iv$ 的导数仍然是 _____ 函数,从而解析函数具有任意阶的导函数.

解析函数的实部和虚部的任意阶偏导数都 _____ 且 _____ ,它们都是 _____ 函数.

二、典型习题强化练习

1. 计算积分 $\displaystyle\int_{C}\bar{z}\,\mathrm{d}z$,其中 C 为：

(1) 连接原点到 $1+i$ 的直线段；

(2) 由原点到 1,再到 $1+i$ 的折线段.

2. 计算积分 $\int_C (x - y + \mathrm{i}x^2)\mathrm{d}z$，其中 C 为由点 $-1+\mathrm{i}$ 沿 $y = x^2$ 到 $1+\mathrm{i}$ 的曲线段.

3. 计算下列积分：

（1）$\oint_{|z|=r} \dfrac{\mathrm{e}^z \cdot \cos z}{(z^2 + 2)(z^3 - 8)}\mathrm{d}z$，其中 $r \leqslant 1$；

（2）$\int_C \cos \dfrac{z}{2}\mathrm{d}z$，其中 C 为由原点到 $\pi + 2\mathrm{i}$ 的直线段；

$(3) \displaystyle\int_C z\,\mathrm{e}^z\,\mathrm{d}z$，其中 C 为由原点到 i 的直线段.

4. 计算下列积分（沿闭曲线正向）：

$(1) \displaystyle\oint_{|z|=3} \dfrac{z^2}{z-2\mathrm{i}}\mathrm{d}z$；

$(2) \displaystyle\oint_{|z|=1} \dfrac{z^2+\mathrm{e}^z}{z(2z-3)}\mathrm{d}z$；

（3）$\oint_{|z|=2} \dfrac{z^2-1}{z^2+1} \mathrm{d}z$.

5. 计算下列积分(沿闭曲线正向)：

（1）$\oint_{|z|=1} \dfrac{\sin \mathrm{e}^z}{z^2} \mathrm{d}z$ ；

（2）$\oint_{|z|=2} \dfrac{\cos z}{(2z+1)^4} \mathrm{d}z$ ；

(3) $\oint_{|z+\mathrm{i}|=2} \dfrac{1}{(z^2+4)^2}\mathrm{d}z$;

(4) $\oint_C \dfrac{\mathrm{e}^{-z}\sin z}{z^2}\mathrm{d}z$，其中 C 为不经过原点的任意正向闭曲线.

6. 设 $f(z)=\oint_C \dfrac{\sin \xi}{\xi-z}d\xi$，其中 C 表示正向单位圆周，且 $|z|\neq 1$，计算：

（1）$f(0)$；   （2）$f(1+i)$；

（3）$f'(0)$；   （4）$f'(1+i)$.

7. 证明下列函数为调和函数，并根据条件求解析函数 $f(z)=u+iv$：

（1）$u=x^2+xy-y^2$，$f(i)=-1+i$；

(2) $v = 2(x-1)y$，$f(2) = -i$.

8. 已知 $u + v = (x-y)(x^2 + 4xy + y^2) - 2(x+y)$，试确定解析函数 $f(z) = u + iv$.

第 4 章 级 数

一、主要知识点回顾

1. 复数项级数与实数项级数的关系：设 $u_n = a_n + ib_n (n=1,2,\cdots)$，$a_n, b_n \in \mathbf{R}$，则级数 $\sum\limits_{n=1}^{\infty} u_n$ 收敛于 $A = a + bi (a,b \in \mathbf{R})$ 的充要条件为＿＿＿＿＿＿＿＿＿＿＿＿＿＿＿＿＿＿＿＿.

2. 级数 $\sum\limits_{n=1}^{\infty} u_n$ 收敛的必要条件是＿＿＿＿＿＿＿＿＿＿＿＿＿＿＿＿＿＿＿.

3. 若＿＿＿＿＿＿＿＿＿＿＿＿＿＿＿＿＿＿＿＿＿，则称 $\sum\limits_{n=1}^{\infty} u_n$ 绝对收敛；

若＿＿＿＿＿＿＿＿＿＿＿＿＿＿＿＿＿＿＿＿＿，则称 $\sum\limits_{n=1}^{\infty} u_n$ 条件收敛.

4. 形如
$$\sum_{n=0}^{\infty} c_n(z-z_0)^n = c_0 + c_1(z-z_0) + c_2(z-z_0)^2 + \cdots + c_n(z-z_0)^n + \cdots \quad (\ast)$$
的函数项级数称为＿＿＿＿＿＿＿＿的幂级数，其中 $c_n (n=0,1,2,\cdots)$ 为复常数.

5. 阿贝尔(Abel)定理：

若级数($\ast$)在 $z=z_1 (z_1 \neq z_0)$ 处收敛，则级数($\ast$)在＿＿＿＿＿＿＿＿＿＿内绝对收敛；

若级数($\ast$)在 $z=z_2$ 处发散，则级数($\ast$)在＿＿＿＿＿＿＿＿＿发散.

由阿贝尔定理知，幂级数($\ast$)的收敛范围是一个以＿＿＿＿＿＿＿＿＿为中心的圆域，在其内部级数绝对收敛，在其外部级数发散，在其圆周上可能处处收敛，也可能处处发散，或在某些点处收敛，在另一些点处发散，其圆域半径 R 称为此幂级数的＿＿＿＿＿＿＿＿.

6. 若幂级数 $\sum\limits_{n=0}^{\infty} c_n(z-z_0)^n$ 的系数 c_n 满足
$$\lim_{n\to\infty} \left| \frac{c_{n+1}}{c_n} \right| = l \text{ 或 } \lim_{n\to\infty} \sqrt[n]{|c_n|} = l,$$
则其收敛半径 $R = \begin{cases} \underline{\qquad}, & l \neq 0, +\infty, \\ \underline{\qquad}, & l = 0, \\ \underline{\qquad}, & l = +\infty. \end{cases}$

7. 幂级数和函数的解析性：

幂级数 $\sum\limits_{n=0}^{\infty} c_n(z-z_0)^n$ 的和函数 $f(z)$ 在其收敛圆内＿＿＿＿＿＿＿＿(填解析性)，并

可以逐项求导,即 _____ ;

也可逐项积分,即 _____ .

8. 泰勒(Taylor)展开式:

设函数 $f(z)$ 在 z_0 处 _____ ,则 $f(z)$ 在 $|z-z_0|<R$ 内能展开成幂级数 $f(z)=$

$\sum\limits_{n=0}^{\infty} c_n(z-z_0)^n$,其中 $c_n=$ _____ ,且 R 等于

_____ .

由此可得解析函数的一个特性:函数 $f(z)$ 在一点解析当且仅当 _____

_____ .

9. 洛朗(Laurent)展开式:

(1) 函数 $f(z)$ 在圆环域 $r<|z-z_0|<R$ 内能展开成洛朗级数的充分条件是 _____

_____ .

(2) 当 _____ 时,函数 $f(z)$ 在圆环

域 $r<|z-z_0|<R$ 内的洛朗级数即为 $f(z)$ 在 z_0 处的泰勒级数.

(3) 泰勒级数和洛朗级数都可以用来表达函数.

泰勒级数可以表达 _____ .

洛朗级数可以表达 _____ .

二、典型习题强化练习

1. 判断下列级数的敛散性:

(1) $\sum\limits_{n=1}^{\infty} \dfrac{i^n}{n}$;

(2) $\sum\limits_{n=0}^{\infty} \dfrac{(3+5i)^n}{n!}$.

2. 幂级数 $\sum\limits_{n=0}^{\infty} c_n (z-1)^n$ 能否在 $z=0$ 发散而在 $z=3$ 收敛？为什么？

3. 填空题：

（1）$\dfrac{z-1}{z+1}$ 在 $z_0=1$ 处的泰勒展开式为＿＿＿＿＿＿＿＿＿＿＿＿＿＿＿＿＿＿＿＿，

收敛半径为＿＿＿＿＿．

（2）$\dfrac{1}{(1-z)^2}$ 在 $z_0=0$ 处的泰勒展开式为＿＿＿＿＿＿＿＿＿＿＿＿＿＿＿＿＿，

收敛半径为＿＿＿＿＿．

（3）$\dfrac{e^{\frac{1}{z-2}}}{(1-z)^2}$ 在 $z_0=i$ 处的泰勒展开式的收敛半径为＿＿＿＿＿＿．

4. 把下列各函数在指定的圆环域内展开成洛朗级数：

（1）$f(z)=\dfrac{1}{z(1-z)^2}$．

① $0<|z|<1$；

② $0<|z-1|<1$;

③ $1<|z|<+\infty$.

(2) $f(z)=\dfrac{1}{z^2-2z-3}$.

① $0<|z+1|<4$;

② $4<|z+1|<+\infty$;

③ $1<|z|<3$；

④ $4<|z-3|<+\infty$.

(3) $f(z)=\dfrac{1}{z(z-\mathrm{i})}$，以 i 为中心的圆环域内.

(4) $f(z)=\dfrac{\mathrm{e}^z}{z-1}$，$0<|z-1|<+\infty$.

（5）$f(z) = \sin \dfrac{z}{z-1}$，在 $z=1$ 的去心邻域内.

5. 把下列函数在指定的圆环域内展开成洛朗级数，并回答下面两个问题：
$$f(z) = e^{2z} \cos z, \ 0 < |z| < +\infty.$$
（1）展开结果在 $z=0$ 处成立吗？_____.
（2）展开结果是 $f(z) = e^{2z} \cos z$ 在 $z=0$ 处的泰勒级数吗？_____.

第 5 章　留数理论及其应用

一、主要知识点回顾

1. 奇点的分类：

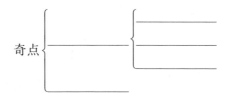

2. 有限远孤立奇点 z_0 的类型与极限之间的关系：

(1) z_0 为函数 $f(z)$ 的可去奇点的充要条件是＿＿＿＿＿＿＿＿＿＿＿＿＿＿＿＿．

(2) z_0 为函数 $f(z)$ 的极点的充要条件是＿＿＿＿＿＿＿＿＿＿＿＿＿＿＿＿＿＿．

(3) z_0 为函数 $f(z)$ 的本性奇点的充要条件是＿＿＿＿＿＿＿＿＿＿＿＿＿＿＿＿．

*若 $f(z)$ 在无穷远点 ∞ 的去心邻域＿＿＿＿＿＿＿＿＿内解析,则称 ∞ 为 $f(z)$ 的无

穷远孤立奇点.常利用变换 $z' = \dfrac{1}{z}$,把 $f(z)$ 在无穷远孤立奇点处的类型的讨论转化为

$\varphi(z') = f\left(\dfrac{1}{z'}\right)$ 在孤立奇点＿＿＿＿＿＿处的类型的讨论.

无穷远孤立奇点的类型与极限之间的关系如下：

(1) ∞ 为函数 $f(z)$ 的可去奇点的充要条件是＿＿＿＿＿＿＿＿＿＿＿＿＿＿＿．

(2) ∞ 为函数 $f(z)$ 的极点的充要条件是＿＿＿＿＿＿＿＿＿＿＿＿＿＿＿＿＿＿．

(3) ∞ 为函数 $f(z)$ 的本性奇点的充要条件是＿＿＿＿＿＿＿＿＿＿＿＿＿＿＿．

3. 判断 z_0 为函数 $f(z)$ 的 m 级零点的方法如下：

(1) 定义法：函数 $f(z)$ 能表示为 $f(z) = (z - z_0)^m \varphi(z)$,其中 $\varphi(z)$ 满足：① ＿＿＿＿＿

＿＿＿＿＿＿＿＿＿＿＿＿＿＿＿＿,② ＿＿＿＿＿＿＿＿＿＿＿＿＿＿＿＿＿＿＿．

(2) 导数法：$f^{(k)}(z_0) = 0 \ (k = 0, 1, 2, \cdots, m-1)$,但＿＿＿＿＿＿＿＿＿＿＿＿＿．

(3) 泰勒展开法：＿＿＿＿＿＿＿＿＿＿＿＿＿＿＿＿＿＿＿＿＿＿＿＿＿＿＿＿＿．

4. 判断 z_0 为函数 $f(z)$ 的可去奇点的方法有：

(1) $f(z)$ 在点 z_0 的某去心邻域内的洛朗展开式的负幂项部分＿＿＿＿＿＿＿＿＿．

(2) $\lim\limits_{z \to z_0} f(z)$ ＿＿＿＿＿＿＿＿＿＿＿＿＿＿＿＿＿＿＿＿＿＿＿＿＿＿＿＿．

5.判断 z_0 为函数 $f(z)$ 的 m 级极点的方法有:

(1) $f(z)$ 在点 z_0 的某去心邻域内的洛朗展开式的负幂项有_____

且_____.

(2) $f(z)$ 在点 z_0 的某去心邻域内能表达成 $f(z)=\dfrac{1}{(z-z_0)^m}\varphi(z)$,其中 $\varphi(z)$ 在点 z_0 的某去心邻域内_____且_____.

(3) z_0 为函数 $\dfrac{1}{f(z)}$ 的_____.

6.判断 z_0 为函数 $f(z)$ 的本性奇点的方法有:

(1) $f(z)$ 在点 z_0 的某去心邻域内的洛朗展开式的负幂项有_____.

(2) $\lim\limits_{z\to z_0}f(z)$ _____.

7.设 z_0 是函数 $f_1(z)$ 的 $m_1(m_1\geqslant 0)$ 级零点,是 $f_2(z)$ 的 $m_2(m_2>0)$ 级零点,则

(1) z_0 是 $f_1(z)\cdot f_2(z)$ 的_____级零点;

(2) 当 $m_1\geqslant m_2$ 时,z_0 是 $\dfrac{f_1(z)}{f_2(z)}$ 的_____;(填奇点类型)

(3) 当 $m_1<m_2$ 时,z_0 是 $\dfrac{f_1(z)}{f_2(z)}$ 的_____.(填奇点类型)

*8.若在 $R<|z|<+\infty$ 内函数 $f(z)$ 有洛朗展开式

$$f(z)=\sum_{n=-\infty}^{+\infty}c_n z^n=\cdots+c_{-2}z^{-2}+c_{-1}z^{-1}+c_0+c_1z+c_2z^2+\cdots,$$

用上式中的_____对无穷远点 ∞ 的类型进行分类,即若上式中没有正数次幂项、只有有限项正数次幂项(最高幂次为 m)或有无穷多正数次幂项,则相应的无穷远点 ∞ 为函数 $f(z)$ 的_____、_____或_____.

9.设 z_0 是函数 $f(z)$ 的有限远孤立奇点,即 $f(z)$ 在 $0<|z-z_0|<\delta$ 内解析,则 $f(z)$ 在 z_0 处的留数定义为 $\operatorname{Res}[f(z),z_0]=$ _____,其中积分曲线 C 的位置为 _____.

设此时 $f(z)$ 在 $0<|z-z_0|<\delta$ 内的洛朗展开式为 $f(z)=\sum_{n=-\infty}^{+\infty}c_n(z-z_0)^n$,则 $f(z)$ 在 z_0 处的留数 $\operatorname{Res}[f(z),z_0]=$ _____.

10.设 z_0 是函数 $f(z)$ 的有限远孤立奇点.

(1) 若 z_0 是可去奇点,则 $\operatorname{Res}[f(z),z_0]=$ _____;

*若 ∞ 是可去奇点,结论还成立吗?_____

(2) 若 z_0 是 m 级极点,则 $\operatorname{Res}[f(z),z_0]=$ _____.

特别地,若 z_0 是一级极点,则 $\operatorname{Res}[f(z),z_0]=$ _____.

11. 设函数 $f(z)=\dfrac{P(z)}{Q(z)}$，$P(z)$ 和 $Q(z)$ 在 z_0 处都解析. 若 $P(z_0)\neq 0$，$Q(z_0)=0$，$Q'(z_0)=0$，则 z_0 是 $f(z)=\dfrac{P(z)}{Q(z)}$ 的 ＿＿＿＿＿＿＿＿＿＿＿＿＿＿＿＿＿（填奇点类型），且 $\mathrm{Res}[f(z),z_0]=$ ＿＿＿＿＿＿＿＿＿＿＿＿＿＿＿＿＿＿．

12. （留数定理）设函数 $f(z)$ 在 C 上连续，在 C 内除有限个孤立奇点 $z_1,z_2,\cdots,z_n$ 外处处解析，则 $\oint_C f(z)\mathrm{d}z=$ ＿＿＿＿＿＿＿＿＿＿＿＿＿＿＿＿＿＿．

*13. 设函数 $f(z)$ 在无穷远点 ∞ 的去心邻域 $R<|z|<+\infty$ 内解析，C 为此圆环内绕原点的任意一条正向简单闭曲线，则 $f(z)$ 在无穷远点 ∞ 处的留数定义为 $\mathrm{Res}[f(z),\infty]=$ ＿＿＿＿＿＿＿＿＿＿＿＿＿＿＿＿＿（注意积分路径的方向）．

*14. 若 $f(z)$ 在 $R<|z|<+\infty$ 内的洛朗展开式为
$$f(z)=\sum_{n=-\infty}^{+\infty}c_n z^n=\cdots+c_{-2}z^{-2}+c_{-1}z^{-1}+c_0+c_1 z+c_2 z^2+\cdots,$$
则 $\mathrm{Res}[f(z),\infty]=$ ＿＿＿＿＿＿＿＿．

*15. 把 $f(z)$ 在无穷远点处的留数转化为零点处的留数的公式为
$$\mathrm{Res}[f(z),\infty]=$$ ＿＿＿＿＿＿＿＿＿＿＿＿＿＿＿＿＿＿．

*16. （留数和定理）设 $f(z)$ 的有限个孤立奇点为 $z_k(k=1,\cdots,n)$ 及 ∞，则
$$\mathrm{Res}[f(z),\infty]+\sum_{k=1}^{n}\mathrm{Res}[f(z_k),z_k]=$$ ＿＿＿＿＿＿＿＿．

*17. 利用留数计算定积分：

类型 1：$\displaystyle\int_0^{2\pi}R(\cos\theta,\sin\theta)\mathrm{d}\theta=$ ＿＿＿＿＿＿＿＿＿＿＿＿＿＿（被积函数 $R(\sin\theta,\cos\theta)$ 是关于 $\sin\theta$ 和 $\cos\theta$ 的有理函数）；

类型 2：$\displaystyle\int_{-\infty}^{+\infty}R(x)\mathrm{d}x=$ ＿＿＿＿＿＿＿＿＿＿＿＿（被积函数 $R(x)$ 是关于 x 的有理函数，分母的次数比分子的次数至少高两次，且 $R(x)$ 在实轴上没有奇点）；

类型 3：$\displaystyle\int_{-\infty}^{+\infty}R(x)\mathrm{e}^{aix}\mathrm{d}x\,(a>0)=$ ＿＿＿＿＿＿＿＿＿＿＿＿＿＿＿＿（被积函数 $R(x)$ 是关于 x 的有理函数，分母的次数比分子的次数至少高一次，且 $R(x)$ 在实轴上没有奇点）．

二、典型习题强化练习

1. 判断下列函数在零点 $z=0$ 的级数：

（1）$z^2 \cos z$；

（2）$z - \sin z$；

（3）$\mathrm{e}^z - 1$；（提示：该函数的零点并不仅有 0）

（4）$z^2(\mathrm{e}^{z^2} - 1)$；

（5）$6\sin z^3 + z^3(z^6 - 6)$.

2. 求下列函数的有限远孤立奇点，并确定它们的类型（如果是极点，指出它的级数）：

（1）$\dfrac{2z-3}{z(z^2+1)^2}$；

（2）$e^{\frac{1}{z-1}}$；

（3）$\dfrac{\sin z}{z^5}$；

（4）$\dfrac{\ln(z+1)}{z}$；

(5) $\dfrac{\tan(z-1)}{z-1}$;

(6) $\dfrac{\sin z(1-\cos z)}{z^2(\mathrm{e}^z-1)^2}$.

3. 求下列各函数 $f(z)$ 在有限远孤立奇点处的留数:

(1) $\dfrac{z+1}{z^2-3z}$;

(2) $\dfrac{z}{(z-1)(z+1)^2}$;

（3）$\dfrac{1}{1-e^z}$;

（4）$\dfrac{1-e^{2z}}{z^4}$.

4. 利用留数计算下列各积分（积分曲线取逆时针方向）：

（1）$\oint_{|z|=2} \dfrac{e^{2z}}{z^2+1}dz$;

(2) $\oint_{|z|=1} \dfrac{1}{z \sin z} \mathrm{d}z$;

(3) $\oint_{|z|=1} z \mathrm{e}^{\frac{1}{z}} \mathrm{d}z$;

(4) $\oint_{|z|=5} \cot z \, \mathrm{d}z$.

*5. 计算下列各积分(积分曲线取逆时针方向)：

(1) $\oint_{|z|=1} \dfrac{1}{z^{10}(z^2+2)} dz$；

(2) $\oint_{|z|=2} \dfrac{z}{z^4-1} dz$；

(3) $\oint_{|z|=2} \dfrac{1}{(z-1)(z-3i)(z+i)^8} dz$.

* 6. 计算下列各积分：

(1) $\int_0^{2\pi} \dfrac{1}{2 + \cos 2x} \mathrm{d}x$;

(2) $\int_0^{+\infty} \dfrac{1}{(x^2 + 1)(x^2 + 4)} \mathrm{d}x$;

(3) $\int_{-\infty}^{+\infty} \dfrac{\cos x}{(x^2 + 1)(x^2 + 9)} \mathrm{d}x$.

单元测试 1

一、选择题

1. 下列式子正确的是 　　　　　　　　　　　　　　　　　　　　　（　　）

A. $\mathrm{Arg}(2z)=2\mathrm{Arg}\,z$　　　　　　　　　B. $\arg(-1)=-\pi$

C. $\mathrm{Arg}(z_1z_2)=\mathrm{Arg}\,z_1+\mathrm{Arg}\,z_2$　　　　D. $\arg z=\arctan\dfrac{y}{x}$

2. 函数 $f(z)=3|z|^2$ 在点 $z=0$ 处 　　　　　　　　　　　　　　（　　）

A. 解析且可导　　　　　　　　　　B. 解析不可导

C. 可导不解析　　　　　　　　　　D. 既不可导也不解析

3. 设函数 $f(z)=x^2+\mathrm{i}y^2$,则 $f'(1+\mathrm{i})$ 的值为 　　　　　　　　　（　　）

A. 2　　　　　　　B. 2i　　　　　　　C. 1+i　　　　　　D. 2+2i

4. 设 C 是 $|z-1|=1$ 从 2 到 0 的上半圆,则 $\displaystyle\int_C(1+|z-1|)\mathrm{d}z$ 的值为　（　　）

A. 4　　　　　　B. 2　　　　　　C. -2　　　　　　D. -4

5. $z=-1$ 是 $\dfrac{\cot \pi z}{(z+1)^3}$ 的极点的级数为 　　　　　　　　　（　　）

A. 1　　　　　　B. 2　　　　　　C. 3　　　　　　D. 4

二、填空题

1. 已知 $z_1=1+\sqrt{3}\mathrm{i}$,$z_2=-1-\mathrm{i}$,则 $\dfrac{z_1}{z_2}$ 的模为＿＿＿＿＿＿＿＿,辐角主值为＿＿＿＿＿＿＿＿.

2. 一个复数乘以 $-\mathrm{i}$,它的模＿＿＿＿＿＿＿＿,辐角＿＿＿＿＿＿＿＿.

3. 设 $\mathrm{e}^z=\mathrm{i}^{-\mathrm{i}}$,则 $\mathrm{Re}\,z=$＿＿＿＿＿＿＿＿＿＿.

4. 设 $f(z)=\dfrac{1}{5}z^5-(1+\mathrm{i})z$,则方程 $f'(z)=0$ 的所有根为＿＿＿＿＿＿＿＿＿＿＿＿＿.

5. 设解析函数 $f(z)$ 的实部为 $u(x,y)$,则 $f'(z)=$＿＿＿＿＿＿＿＿＿＿＿＿.

6. $\displaystyle\oint_{|z|=1}\dfrac{1}{z}\mathrm{d}z=$＿＿＿＿＿＿＿＿,$\displaystyle\oint_{|z|=2}\mathrm{e}^{\frac{1}{z^2}}\mathrm{d}z=$＿＿＿＿＿＿＿＿.(积分曲线取逆时针方向)

7. 设 $f(z)=\displaystyle\oint_{|\xi|=2}\dfrac{\sin\frac{\pi}{3}\xi}{\xi-z}\mathrm{d}\xi$,其中 z 不在 $|\xi|=2$ 上,则 $f'(-\mathrm{i})=$＿＿＿＿＿＿＿＿＿＿.(积

分曲线取逆时针方向）

8. 设函数 $\dfrac{\mathrm{e}^z}{\cos z}$ 的泰勒展开式为 $\displaystyle\sum_{n=0}^{\infty} c_n z^n$，那么幂级数 $\displaystyle\sum_{n=0}^{\infty} c_n z^n$ 的收敛半径为 $R=$

_____.

9. $\dfrac{1}{z(z-\mathrm{i})}$ 在 $1<|z-\mathrm{i}|<+\infty$ 内的洛朗展开式为 _____.

10. $\mathrm{Res}\left[\dfrac{z\,\mathrm{e}^{2\mathrm{i}z}}{(z^2+1)(z^2+4)},\mathrm{i}\right]=$ _____.

三、解答题

1. 讨论函数 $f(z)=z\cdot\mathrm{Im}\,z$ 在何处可导,在何处解析,并求可导点处的导数.

2. 证明 $u(x,y)=xy$ 为调和函数,并求解析函数 $f(z)=u(x,y)+\mathrm{i}v(x,y)$.

3. 求下列积分(积分曲线取正向):

(1) $\displaystyle\oint_{|z|=1}\dfrac{z+\cos z}{z^2}\mathrm{d}z$;

— 38 —

(2) $\oint_{|z|=1} \dfrac{\sin \pi z}{(2z-1)^2(z+2)}\mathrm{d}z$；

(3) $\oint_{|z|=1} \dfrac{\sin \frac{\pi}{2}z}{\mathrm{e}^z-1}\mathrm{d}z$.

4. 将 $f(z)=\dfrac{z^2-1}{(z+2)(z+3)}$ 在下列圆环域内展开成洛朗级数：

(1) $0<|z+2|<1$；

(2) $2<|z|<3$；

(3) $3 < |z| < +\infty$.

5. 设 $f(z) = \dfrac{1}{(z-1)^2(z^3-1)}$.

(1) 求出所有有限远孤立奇点,指出它们的类型,并求函数在各点处的留数;

*(2) 判断 ∞ 是什么类型的奇点,并求函数在 ∞ 处的留数.

6. 设 C 为区域 D 内的一条正向简单闭曲线, z_0 为 C 内一点.如果 $f(z)$ 在 D 内解析,且 $f(z_0)=0$, $f'(z_0)\neq 0$,在 C 内无其他零点.试证:
$$\frac{1}{2\pi \mathrm{i}} \oint_C \frac{zf'(z)}{f(z)} \mathrm{d}z = z_0.$$

第 7 章　傅里叶变换

一、主要知识点回顾

1. 傅里叶积分定理：

若函数 $f(t)$ 在 $(-\infty,+\infty)$ 上满足下列条件：

(1) $f(t)$ 在任一有限区间上满足狄利克雷(Dirichlet)条件；

(2) $f(t)$ 在无限区间 $(-\infty,+\infty)$ 上绝对可积，即积分 $\int_{-\infty}^{+\infty}|f(t)|\,\mathrm{d}t$ 收敛,则在 $f(t)$

的连续点处有 $f(t)=$ ＿＿＿＿＿＿＿＿＿＿＿＿＿＿＿.

在 $f(t)$ 的间断点处,上式左边的 $f(t)$ 用＿＿＿＿＿＿＿＿代替.

2. 傅里叶变换与傅里叶逆变换的定义式：

$\mathscr{F}[f(t)]=F(\omega)=$ ＿＿＿＿＿＿＿＿＿＿＿,

$\mathscr{F}^{-1}[F(\omega)]=f(t)=$ ＿＿＿＿＿＿＿＿＿＿.

3. 一些常用函数的傅里叶变换：

(1) $\mathscr{F}[\delta(t)]=$ ＿＿＿＿＿＿＿＿＿＿,

　$\mathscr{F}[\delta(t-t_0)]=$ ＿＿＿＿＿＿＿＿＿,

　$\mathscr{F}[1]=$ ＿＿＿＿＿＿＿＿＿＿＿,

　$\mathscr{F}[\mathrm{e}^{\mathrm{j}\omega_0 t}]=$ ＿＿＿＿＿＿＿＿＿＿,

　$\mathscr{F}[u(t)]=$ ＿＿＿＿＿＿＿＿＿＿,

　$\mathscr{F}[\sin \omega_0 t]=$ ＿＿＿＿＿＿＿＿＿,

　$\mathscr{F}[\cos \omega_0 t]=$ ＿＿＿＿＿＿＿＿.

(2)设指数衰减函数 $\varphi(t)=\begin{cases}0, & t<0,\\ \mathrm{e}^{-\beta t}, & t\geqslant 0\end{cases}$（其中 $\beta>0$）,则 $\mathscr{F}[\varphi(t)]=$ ＿＿＿＿.

4. 傅里叶变换的性质：

(1) 线性性质.

$\mathscr{F}[\alpha f_1(t)+\beta f_2(t)]=$ ＿＿＿＿＿＿＿＿＿＿＿,

$\mathscr{F}[\alpha F_1(\omega)+\beta F_2(\omega)]=$ ＿＿＿＿＿＿＿＿＿.

（2）对称性质.

若 $F(\omega)=\mathscr{F}[f(t)]$，则有 $\mathscr{F}[F(t)]=$ _____.

（3）相似性质.

若 $F(\omega)=\mathscr{F}[f(t)]$，$a\neq0$，则有 $\mathscr{F}[f(at)]=$ _____.

（4）位移性质.

若 $F(\omega)=\mathscr{F}[f(t)]$，则有

① $\mathscr{F}[f(t\pm t_0)]=$ _____，

② $\mathscr{F}^{-1}[F(\omega\mp\omega_0)]=$ _____.

（5）微分性质.

若 $F(\omega)=\mathscr{F}[f(t)]$，且 $\lim\limits_{|t|\to+\infty}f(t)=0$，则有

① $\mathscr{F}[f'(t)]=$ _____，

② $\dfrac{\mathrm{d}}{\mathrm{d}\omega}F(\omega)=$ _____.

微分性质的推广：若函数 $f^{(k)}(t)$ 在 $(-\infty,+\infty)$ 上连续或只有有限个可去间断点，且有 $\lim\limits_{|t|\to+\infty}f^{(k)}(t)=0$，$k=0,1,2,\cdots,n-1$，则

① $\mathscr{F}[f^{(n)}(t)]=$ _____，

② $\mathscr{F}[t^n f(t)]=$ _____.

（6）积分性质.

若当 $t\to+\infty$ 时，$g(t)=\displaystyle\int_{-\infty}^{t}f(t)\mathrm{d}t\to0$，则有

$$\mathscr{F}[g(t)]=\text{_____}.$$

（7）卷积与卷积定理.

卷积：$f_1(t)*f_2(t)=$ _____.

卷积定理：设 $f_1(t)$，$f_2(t)$ 都满足傅里叶积分定理中的条件，且 $\mathscr{F}[f_1(t)]=F_1(\omega)$，$\mathscr{F}[f_2(t)]=F_2(\omega)$，则有

① $\mathscr{F}[f_1(t)*f_2(t)]=$ _____，

② $\mathscr{F}[f_1(t)\cdot f_2(t)]=$ _____.

5．δ-函数的筛选性质：

对于任何一个无穷次可微的函数 $f(t)$，有 $\displaystyle\int_{-\infty}^{+\infty}\delta(t)f(t)\mathrm{d}t=$ _____.

二、典型习题强化练习

1. 求下列函数的傅里叶变换和傅里叶积分表达式：

(1) $f(t) = \begin{cases} 1, & |t| \leqslant 2, \\ 0, & |t| > 2, \end{cases}$ 并推证 $\int_0^{+\infty} \dfrac{\sin x}{x} \mathrm{d}x = \dfrac{\pi}{2}$；

(2) $f(t) = \mathrm{e}^{-|t|} \cos t$，并证明 $\int_0^{+\infty} \dfrac{\omega^2 + 2}{\omega^4 + 4} \cos \omega t \,\mathrm{d}\omega = \dfrac{\pi}{2} \mathrm{e}^{-|t|} \cos t$；

（3）矩形脉冲函数 $f(t) = \begin{cases} A, & 0 \leqslant t \leqslant \tau, \\ 0, & \text{其他；} \end{cases}$

（4）$f(t) = \begin{cases} \sin t, & |t| \leqslant \pi, \\ 0, & |t| > \pi, \end{cases}$ 并推证 $\displaystyle\int_0^{+\infty} \frac{\sin \omega \sin \omega t}{1 - \omega^2} \mathrm{d}\omega = \begin{cases} \dfrac{\pi}{2}\sin t, & |t| \leqslant \pi, \\ 0, & |t| > \pi. \end{cases}$

2. 证明：

（1）傅里叶变换的对称性质：

若 $F(\omega)=\mathscr{F}[f(t)]$，则有 $\mathscr{F}[F(t)]=2\pi f(-\omega)$；

（2）傅里叶变换的相似性质：

若 $F(\omega)=\mathscr{F}[f(t)]$，$a\neq0$，则有 $\mathscr{F}[f(at)]=\dfrac{1}{|a|}F\left(\dfrac{\omega}{a}\right)$.

3. 已知 $\mathscr{F}[f(t)]=F(\omega)$, 利用傅里叶变换的性质求下列函数的傅里叶变换:

(1) $(t-3)f(t)$;

(2) $e^{-2jt}f(t)-1$;

(3) $tf'(t)$;

（4）$f(2t-3)$；

（5）$(1-t)f(1-t)$.

4. 求下列函数的傅里叶逆变换(用指数衰减函数的结果)：

(1) $F(\omega) = \dfrac{1}{(3+\mathrm{j}\omega)(5+\mathrm{j}\omega)}$；

(2) $F(\omega) = \dfrac{1}{(5+\mathrm{j}\omega)(9+\omega^2)}$.

第8章　拉普拉斯变换

一、主要知识点回顾

1. 拉普拉斯变换的定义：

(1) $\mathscr{L}[f(t)]=F(s)=$＿＿＿＿＿＿＿＿＿＿＿,且 $F(s)$ 在对应收敛域内为＿＿＿＿＿＿＿＿＿＿＿(填解析性)函数.

(2) 一些常用函数的拉普拉斯变换.

$\mathscr{L}[u(t)]=$＿＿＿＿＿＿＿＿＿ (Re $s>0$)，　　　$\mathscr{L}[e^{kt}]=$＿＿＿＿＿＿＿＿＿ (Re $s>k$)，

$\mathscr{L}[\sin kt]=$＿＿＿＿＿＿＿ (Re $s>0$)，　　　$\mathscr{L}[\cos kt]=$＿＿＿＿＿＿＿＿ (Re $s>0$)，

$\mathscr{L}[t^m]=$＿＿＿＿＿＿＿＿ (Re $s>0,m\in\mathbf{N}$)，$\mathscr{L}[\delta(t)]=$＿＿＿＿＿＿＿＿.

2. 拉普拉斯变换的性质：

(1) 线性性质.

$\mathscr{L}[\alpha f_1(t)+\beta f_2(t)]=$＿＿＿＿＿＿＿＿＿＿＿＿＿＿＿＿＿＿＿＿，

$\mathscr{L}^{-1}[\alpha F_1(s)+\beta F_2(s)]=$＿＿＿＿＿＿＿＿＿＿＿＿＿＿＿＿＿＿＿＿.

(2) 微分性质.

$\mathscr{L}[f'(t)]=$＿＿＿＿＿＿＿＿＿＿＿，$\mathscr{L}[f^{(n)}(t)]=$＿＿＿＿＿＿＿＿＿＿＿＿＿＿＿，

$\mathscr{L}^{-1}[F'(s)]=$＿＿＿＿＿＿＿＿＿＿，

$\mathscr{L}^{-1}[F^{(n)}(s)]=$＿＿＿＿＿＿＿＿＿＿ 或写成 $\mathscr{L}[t^n f(t)]=$＿＿＿＿＿＿＿＿＿＿.

(3) 积分性质.

$\mathscr{L}\left[\int_0^t f(t)\mathrm{d}t\right]=$＿＿＿＿＿＿＿＿＿，

$\mathscr{L}^{-1}\left[\int_s^{+\infty} F(s)\mathrm{d}s\right]=$＿＿＿＿＿＿＿ 或写成 $\mathscr{L}\left[\dfrac{f(t)}{t}\right]=$＿＿＿＿＿＿＿＿.

(4) 位移性质.

$\mathscr{L}[e^{at}f(t)]=$＿＿＿＿＿＿＿＿＿＿.

(5) 延迟性质.

设 $\mathscr{L}[f(t)]=F(s)$，① 当 $t<0$ 时，＿＿＿＿＿＿＿＿＿＿＿＿，② τ 满足＿＿＿＿＿＿＿＿＿＿，有 $\mathscr{L}[f(t-\tau)]=e^{-s\tau}F(s)$，或写为 $\mathscr{L}^{-1}[e^{-s\tau}F(s)]=f(t-\tau)u(t-\tau)$.

（6）卷积与卷积定理.

① 拉普拉斯变换意义下的卷积：$f_1(t) * f_2(t) = $ _____ $(t > 0)$；

② 卷积定理：若 $\mathscr{L}[f_1(t)] = F_1(s)$，$\mathscr{L}[f_2(t)] = F_2(s)$，则 $\mathscr{L}[f_1(t) * f_2(t)] = $
_____，或写成 $\mathscr{L}^{-1}[F_1(s) \cdot F_2(s)] = $ _____.

3. 拉普拉斯逆变换：

（1）定义：$\mathscr{L}^{-1}[F(s)] = f(t) = \dfrac{1}{2\pi j} \displaystyle\int_{\beta - j\infty}^{\beta + j\infty} F(s) e^{st} \, ds$，$t > 0$；

（2）计算反演积分的方法（留数法）：若 $s_1, s_2, \cdots, s_n$ 是函数 $F(s)$ 的所有奇点且都位于半平面 $\mathrm{Re}\, s < \beta$（β 为一适当的常数）内，且当 $|s| \to +\infty$ 时，$F(s) \to 0$. 记 $\mathscr{L}[f(t)] = F(s)$，则

$$\mathscr{L}^{-1}[F(s)] = f(t) = \underline{\qquad\qquad\qquad\qquad} \quad (t > 0).$$

4. 拉普拉斯变换的简单应用：

（1）微积分方程的拉普拉斯变换解法.

（2）求一些特殊类型的实积分.

类型 1：根据拉普拉斯变换的定义有 $\displaystyle\int_0^{+\infty} f(t) e^{-s_0 t} \, dt = $ _____；

类型 2：根据积分性质有 $\displaystyle\int_0^{+\infty} \dfrac{f(t)}{t} \, dt = $ _____.

二、典型习题强化练习

1. 求下列函数的拉普拉斯变换：

（1）$f(t) = \cos^2 2t$；

（2）$f(t) = e^{-(2-t)}$；

（3）$f(t) = \sin\left(t - \dfrac{\pi}{3}\right)$;

（4）$f(t) = (t-1)^2 \mathrm{e}^{2t}$;

（5）$f(t) = \mathrm{e}^{-3t} \sin 2t$;

（6）$f(t) = t^{10} \mathrm{e}^{3t}$.

2. 设 $f(t) = t \displaystyle\int_0^t \mathrm{e}^{-3t} \cos t \, \mathrm{d}t$，求 $F(s)$.

3. 设 $f(t) = \sin(t-2) \cdot u(t-2)$，求 $F(s)$.

4. 设 $f(t) = \displaystyle\int_0^t t\,\mathrm{e}^{-3t} \sin 2t\,\mathrm{d}t$，求 $F(s)$.

5. 设 $f(t) = \begin{cases} 3, & t < \dfrac{\pi}{2}, \\ \cos t, & t > \dfrac{\pi}{2}, \end{cases}$ 求 $F(s)$.

6. 求下列函数的拉普拉斯逆变换：

（1） $F(s) = \dfrac{1}{(s-1)^2} + \dfrac{1}{s^2+4}$；

（2） $F(s) = \dfrac{2s+3}{s^2+9}$；

（3） $F(s) = \dfrac{s+1}{9s^2+6s+5}$；

(4) $F(s) = \dfrac{s+1}{9s^2 + 7s - 2}$;

(5) $F(s) = \dfrac{s}{(s^2+1)(s+2)^2}$.

7. 设 $F(s) = \dfrac{2\mathrm{e}^{-s} - \mathrm{e}^{-2s}}{s}$，求 $f(t)$.

8. 利用卷积定理求 $t^5 * t^7$.

9. 求下列积分：

(1) $\displaystyle\int_0^{+\infty} t^{10}\mathrm{e}^{-3t}\,\mathrm{d}t$;

(2) $\displaystyle\int_0^{+\infty} t\,e^{-3t}\sin 2t\,dt$;

(3) $\displaystyle\int_0^{+\infty} \frac{e^{-3t} - e^{-2t}}{t}\,dt$;

(4) $\displaystyle\int_0^{+\infty} \frac{1 - \cos t}{t}\,e^{-t}\,dt$.

10. 求解下列微积分方程：

(1) $y'' + 3y' + 2y = u(t-1)$，$y(0) = 0, y'(0) = 1$；

(2) $y'' + 4y = \sin t$，$y(0) = y'(0) = 0$；

(3) $y'' - 2y' + y = 0$, $y(0) = 0$, $y(1) = 2$;

(4) $y(t) = 2\sin t + \int_0^t \sin(t - \tau)y(\tau)\mathrm{d}\tau$.

单元测试 2

一、填空题

1. 设 $f(t) = \begin{cases} e^{-t}\sin 2t, & t \geqslant 0, \\ 0, & t < 0, \end{cases}$ 则 $\mathscr{F}[f(t)] = $ _____.

2. $F(\omega) = 3\cos 2\omega$ 的傅里叶逆变换 $f(t) = $ _____.

3. 积分 $\displaystyle\int_{-\infty}^{+\infty} \delta(2t - t_0) f(t)\,\mathrm{d}t = $ _____.

4. 积分 $\displaystyle\int_{-5}^{5} e^t \delta(t + 2)\,\mathrm{d}t = $ _____.

5. $\mathscr{L}^{-1}\left[\dfrac{s^2}{s^2 + 1}\right] = $ _____.

6. $\mathscr{L}^{-1}\left[\dfrac{1}{(s - 2)^5}\right] = $ _____.

7. $\mathscr{L}^{-1}\left[\dfrac{2s^2 e^{-s} - (s + 1)e^{-2s}}{s^3}\right] = $ _____.

二、解答题

1. 求下列函数的拉普拉斯变换：

(1) $\sin(t - 2)$；

(2) $\sin(t-2) \cdot u(t-2)$;

(3) $e^{-(t-2)}$;

(4) $e^{t-2} [u(t-2)-u(t-3)]$;

(5) $\dfrac{\sin 2t}{t}$;

（6） $\dfrac{\mathrm{e}^{-3t}\sin 2t}{t}$；

（7） $\displaystyle\int_0^t t\,\mathrm{e}^{-3t}\sin 2t\,\mathrm{d}t$；

（8） $\displaystyle\int_0^t \dfrac{\mathrm{e}^{-3t}\sin 2t}{t}\,\mathrm{d}t$.

2. 试用傅里叶变换求微积分方程的解 $x(t)$：

$$x'(t) - 4\int_{-\infty}^{t} x(t)\mathrm{d}t = \mathrm{e}^{-|t|}, \quad -\infty < t < +\infty.$$

3. 求下列函数的拉普拉斯逆变换：

(1) $\dfrac{4}{s(2s+3)}$；

(2) $\dfrac{2s+3}{s^2+9}$；

(3) $\dfrac{4s}{(s^2+4)^2}$；

(4) $\dfrac{2s+5}{s^2+4s+13}$.

4. 已知 $f(t)=\cos 2t+\dfrac{\mathrm{j}}{\pi t}*\cos 2t$，求 $\mathscr{F}[f(t)]$.

5. 已知 $f(t) = \begin{cases} 1-t^2, & |t| \leqslant 1, \\ 0, & |t| > 1, \end{cases}$ 求其傅里叶变换和傅里叶积分表达式.

模拟试卷 1

一、单项选择题(每小题 3 分,共 42 分)

1. 复数 $\dfrac{3i}{1-i}$ 的值为 ( )

   A. $-\dfrac{3}{2}(1-i)$ B. $-\dfrac{3}{2}(1+i)$

   C. $\dfrac{3}{2}(1-i)$ D. $\dfrac{3}{2}(1+i)$

2. 设 $k=0,1,2,3$,则方程 $z^4+1-2i=0$ 的全部根为 ( )

   A. $\sqrt[8]{5}\,e^{i\frac{\arctan 2+2k\pi}{4}}$ B. $\sqrt[8]{5}\,e^{i\frac{-\arctan 2+2k\pi}{4}}$

   C. $\sqrt[8]{5}\,e^{i\frac{\pi+\arctan 2+2k\pi}{4}}$ D. $\sqrt[8]{5}\,e^{i\frac{\pi-\arctan 2+2k\pi}{4}}$

3. 复数 $z=e^{-1-3i}$ 的模 $|e^{-1-3i}|$ 为 ( )

   A. $e^{-\sqrt{10}}$ B. $e^{\sqrt{10}}$ C. e^{-1} D. e

4. 设正向闭曲线 $C:|z|=1$,则积分 $\displaystyle\int_C \dfrac{\cos z}{(z+2)(z-3)}\,dz$ 的值为 ( )

   A. 0 B. $-\dfrac{2\pi i}{5}\cos 2$

   C. $\dfrac{2\pi i}{5}\cos 3$ D. $\dfrac{2\pi i}{5}(\cos 3-\cos 2)$

5. 设正向闭曲线 $C:|z|=1$,则积分 $\displaystyle\int_C \dfrac{e^z}{1-2z}\,dz$ 的值为 ( )

   A. $-\pi i e^{\frac{1}{2}}$ B. $\pi i e^{\frac{1}{2}}$

   C. $-2\pi i e^{\frac{1}{2}}$ D. $2\pi i e^{\frac{1}{2}}$

6. 设 C 为从原点到点 $1+i$ 的直线段,则积分 $\displaystyle\int_C (x+iy)\,dz$ 的值为 ( )

   A. 1 B. i C. $1+i$ D. $(1+i)^2$

7. 函数 $f(z)=\dfrac{z^2-1}{\cos z}e^{\frac{1}{z-2}}$ 在点 $z=0$ 处的泰勒级数的收敛半径为 ( )

   A. 1 B. $\dfrac{\pi}{2}$ C. 2 D. π

8. 函数 $f(z)=\dfrac{1}{z^2-5z+6}$ 在 $1<|z-3|<+\infty$ 内的洛朗展开式为 （　　）

A. $\sum\limits_{n=0}^{\infty}(z-3)^{n-1}$

B. $\sum\limits_{n=0}^{\infty}(-1)^n(z-3)^{n-1}$

C. $\sum\limits_{n=0}^{\infty}\dfrac{1}{(z-3)^{n+2}}$

D. $\sum\limits_{n=0}^{\infty}\dfrac{(-1)^n}{(z-3)^{n+2}}$

9. 函数 $f(z)=(z+1)^3\mathrm{e}^{\frac{1}{z+1}}$ 在点 $z=-1$ 处的留数为 （　　）

A. 1　　　　　B. $\dfrac{1}{2!}$　　　　　C. $\dfrac{1}{3!}$　　　　　D. $\dfrac{1}{4!}$

10. 积分 $\displaystyle\int_{-\infty}^{+\infty}\delta(t)\sin(3t-1)\mathrm{d}t$ 的值为 （　　）

A. -1　　　　　B. 1　　　　　C. $-\sin 1$　　　　　D. $\sin 1$

11. 傅里叶逆变换 $\mathscr{F}^{-1}[2\pi\delta(\omega+2)]$ 的值为 （　　）

A. 1　　　　　B. e^{-2jt}　　　　　C. e^{2jt}　　　　　D. 2π

12. 积分 $\displaystyle\int_{0}^{+\infty}t\mathrm{e}^{-t}\sin 2t\,\mathrm{d}t$ 的值为 （　　）

A. $\dfrac{1}{5}$　　　　　B. $-\dfrac{3}{25}$　　　　　C. $\dfrac{2}{5}$　　　　　D. $\dfrac{4}{25}$

13. 设 $f(t)=t^2-\delta(t)$，则 $\mathscr{L}[f(t)]$ 为 （　　）

A. $\dfrac{2}{s^3}-\dfrac{1}{s}$　　　　　B. $\dfrac{3}{s^3}-\dfrac{1}{s}$　　　　　C. $\dfrac{2}{s^3}-1$　　　　　D. $\dfrac{3}{s^3}-1$

14. 设 $\mathscr{L}[f(t)]=\dfrac{1}{s^2+3}$，则 $\mathscr{L}\left[\displaystyle\int_{0}^{t}f(\tau)\mathrm{d}\tau\right]$ 为 （　　）

A. $\dfrac{s}{s^2+3}$

B. $\dfrac{1}{s(s^2+3)}$

C. $\dfrac{s}{(s^2+3)^2}$

D. $\dfrac{1}{s(s^2+3)^2}$

二、填空题(每小题 3 分,共 18 分)

1. $\dfrac{1-\sqrt{3}\,\mathrm{i}}{2}$ 的辐角是_____.

2. $\mathrm{Ln}(-1+\mathrm{i})$ 的主值是_____.

3. x^2-y^2 是 $f(z)=u(x,y)+v(x,y)$ 的实部,则 $f'(z)=$_____.

4. $z=0$ 是 $\dfrac{z-\sin z}{z^4}$ 的_____级极点.

5. 设 $\mathscr{F}[f(t)]=F(\omega)$,则 $\mathscr{F}[(t+5)f(t)]=$_____.

6. 设 $\mathscr{L}[f(t)]=\dfrac{2}{s^2+4}$, 则 $\mathscr{L}[\mathrm{e}^{-3t}f(t)]=$_____.

三、(6分) 试讨论函数 $f(z) = x^2 + \mathrm{i}y$ 的可导性与解析性.

四、(6分) 证明 $u(x, y) = 2(x - 1)y$ 为调和函数, 并求满足 $f(2) = -\mathrm{i}$ 的解析函数 $f(z) = u + \mathrm{i}v$.

* 五、(6 分) 计算 $\oint_{|z|=2} \dfrac{z^3 \mathrm{e}^{\frac{1}{z}}}{1-z} \mathrm{d}z.$

六、(8 分) 设函数 $f(z) = \dfrac{z(z^2-1)(z+2)^3(z-3)^2}{(\sin \pi z)^3}$,试问该函数有哪些类型的奇点？如果有极点,指出级数.

七、(6分) 求函数 $f(t)=\begin{cases}0, & t<0, \\ e^{-t}, & t\geq 0\end{cases}$ 的傅里叶变换及其积分表达式.

八、(8 分) 用拉普拉斯变换求解方程

$$\begin{cases} y'' + 4y' + 3y = e^t, \\ y(0) = 1, \ y'(0) = 0. \end{cases}$$

模拟试卷 2

一、填空题(每小题 3 分,共 30 分)

1. 复数 $(1-3i)e^{-1+2i}$ 的模为 ＿＿＿＿＿＿＿＿＿＿＿＿＿＿.

2. 复数 $\text{Ln}(-3)$ 的全部值为 ＿＿＿＿＿＿＿＿＿＿＿＿＿＿.

3. 函数 $f(z)=\dfrac{1}{z^5+1-i}$ 在 z 平面上的全部奇点(通式)为 ＿＿＿＿＿＿＿＿＿＿.

4. 设 C 为从原点 0 到点 $1+i$ 的直线段,则积分 $\displaystyle\int_C \text{Im}\, z\,\mathrm{d}z=$ ＿＿＿＿＿＿＿＿＿＿.

5. 函数 $f(z)=\dfrac{z-1}{\sin z}e^{\frac{1}{z-5}}$ 在点 $z=2$ 处的泰勒级数的收敛半径为 ＿＿＿＿＿＿.

6. 函数 $f(z)=e^{\frac{3}{z}}$ 在点 $z=0$ 处的留数为 ＿＿＿＿＿＿.

7. 积分 $\displaystyle\int_{-\infty}^{+\infty} t^3\delta(t-2)\,\mathrm{d}t$ 的值为 ＿＿＿＿＿＿＿＿.

8. 设 $\mathscr{F}[f(t)]=\dfrac{1}{3+j\omega}$,则 $\mathscr{F}[e^{2jt}f(t)]=$ ＿＿＿＿＿＿＿＿＿.

9. 设 $\mathscr{F}[f(t)]=\dfrac{1}{3+j\omega}$,则 $\mathscr{F}[3+f(t-1)]=$ ＿＿＿＿＿＿＿＿＿.

10. $\mathscr{L}[t^2]=$ ＿＿＿＿＿＿＿＿＿.

二、(7 分) 试讨论函数 $f(z)=|z|^2-i\,\text{Re}\,z^2$ 的可导性与解析性.

三、(8 分) 证明 $u(x,y)=2xy$ 为调和函数,并求满足 $f(\mathrm{i})=2\mathrm{i}$ 的解析函数 $f(z)=u+\mathrm{i}v$.

四、计算题(每小题 5 分,共 25 分,要写出必要步骤)

1. 将函数 $f(z)=\dfrac{1}{z-2}$ 在 $2<|z|<+\infty$ 内展开成洛朗级数;

2. 设正向闭曲线 $C: |z| = 1$，求积分 $\int_C \dfrac{e^z}{z^3} dz$；

3. 设正向闭曲线 $C: |z| = 1$，求积分 $\int_C \dfrac{1}{(1-2z)(z+3)} dz$；

4. 设 $f(t) = \sin t \cos t - \mathrm{e}^t$，求 $\mathscr{L}[f(t)]$；

5. 求积分 $\displaystyle\int_0^{+\infty} t\,\mathrm{e}^{-2t}\cos t\,\mathrm{d}t$.

五、(12 分) 设函数 $f(z) = \dfrac{\sin z}{z(z+1)}$.

试求：1. 函数所有的有限孤立奇点，并判断其孤立奇点的类型；

2. 函数在这些孤立奇点处的留数；

3. 积分 $\oint_C f(z)\mathrm{d}z$ 的值，其中闭曲线 $C: |z| = 3$，并取正向.

六、(8 分) 设函数 $f(t) = \begin{cases} 0, & -\infty < t < -1, \\ -1, & -1 < t < 0, \\ 1, & 0 < t < 1, \\ 0, & 1 < t < +\infty. \end{cases}$

试求：1. 函数 $f(t)$ 的傅里叶变换；

2. 函数 $f(t)$ 的积分表达式(傅里叶逆变换).

七、(10 分) 利用拉普拉斯变换求解方程

$$y'(t) + \int_0^t y(\tau)\mathrm{d}\tau = 1, y(0) = 0.$$

模拟试卷 3

一、填空题(每小题 3 分,共 30 分)

1. 复数 $\dfrac{1}{2-3i}e^{-2+i}$ 的模为＿＿＿＿＿＿＿.

2. 复数 $(-2)^i$ 的全部值为＿＿＿＿＿＿＿＿＿.

3. 函数 $f(z)=\dfrac{\cos z}{z^3+i}$ 在 z 平面上的全部奇点(通式)为＿＿＿＿＿＿＿.

4. 设 C 为从原点 0 到点 $1+i$ 的直线段,则积分 $\displaystyle\int_C \bar{z}\,dz$ 的值为＿＿＿＿＿＿＿.

5. 函数 $f(z)=\dfrac{z-1}{z}\sin\dfrac{1}{z-5}$ 在点 $z=1+i$ 处的泰勒级数的收敛半径为＿＿＿＿＿.

6. 函数 $f(z)=e^{\frac{1}{1-z}}$ 在点 $z=1$ 处的留数为＿＿＿＿＿＿＿.

7. 积分 $\displaystyle\int_{-\infty}^{+\infty}\sin(2t-1)\delta(t-1)\,dt$ 的值为＿＿＿＿＿＿＿.

8. 设 $\mathscr{F}[f(t)]=F(\omega)$,则傅里叶变换 $\mathscr{F}[f(t-1)]=$＿＿＿＿＿＿＿.

9. 设 $\mathscr{F}[f(t)]=\dfrac{1}{1+j\omega}$,则 $\mathscr{F}[e^{3jt}f(t)]=$＿＿＿＿＿＿＿.

10. $\mathscr{L}[\cos t]=$＿＿＿＿＿＿＿.

二、(7 分) 试讨论函数 $f(z)=3x^2-y^2 i$ 的可导性与解析性.

三、(8 分) 证明 $u(x,y) = y^3 - 3x^2 y$ 为调和函数,并求满足 $f(1) = 3i$ 的解析函数 $f(z) = u + iv$.

四、计算题(每小题 5 分,共 25 分,要写出必要步骤)

1. 将函数 $f(z) = \dfrac{1}{z+1}$ 在 $1 < |z| < +\infty$ 内展开成洛朗级数;

2. 设正向闭曲线 C：$|z|=2$，求积分值 $\int_C \dfrac{\sin z}{(z-1)^3} dz$；

3. 设正向闭曲线 C：$|z|=1$，求积分值 $\int_C \dfrac{\cos z}{z(z-3)} dz$；

4. 设 $f(t) = 1 - 2e^t \sin t$, 求 $\mathscr{L}[f(t)]$;

5. 求积分 $\displaystyle\int_0^{+\infty} t^3 e^{-t} \, dt$.

五、(12 分) 设函数 $f(z) = \dfrac{1}{z\,(z-1)^2}$.

试求：1. 函数所有的有限孤立奇点，并判断其孤立奇点的类型；

2. 函数在这些孤立奇点处的留数；

3. 积分 $\oint_C f(z)\mathrm{d}z$ 的值，其中闭曲线 $C: |z| = 3$，并取正向.

六、(8 分) 设函数 $f(t) = \mathrm{e}^{-|t|}$.

试求：1. 函数 $f(t)$ 的傅里叶变换；

2. 函数 $f(t)$ 的积分表达式(傅里叶逆变换).

七、(10 分) 利用拉普拉斯变换求解方程

$$\begin{cases} y'' - 2y' + y = 0, \\ y(0) = 0, y(2) = 4. \end{cases}$$

模拟试卷 4

一、填空题(每空 2 分,共 20 分)

1. 已知 $z^3 - 8 = 0$,则 $z = $ _____.

2. 计算 $(1-i)^i = $ _____,主值 = _____.

3. 设 C 为连接点 $z = 0$ 到 $z = 1 + i$ 的直线段,则 $\int_C \sin z \, dz = $ _____.

4. 已知 $f(t)$ 为无穷次可微函数,$\delta(t)$ 为单位脉冲函数,则 $\int_{-\infty}^{+\infty} \delta'(t) f(t) \, dt = $ _____,$\mathscr{F}[1] = $ _____.

5. 记 $\mathscr{F}[f(t)] = F(\omega)$,则 $\mathscr{F}[f'(t)] = $ _____.

6. 函数 $f(z) = \dfrac{1}{z(z-1)^2}$ 在圆环域 $1 < |z-1| < +\infty$ 内展开成洛朗级数为 _____.

7. 记 $\mathscr{L}[f(t)] = F(s)$,则 $\mathscr{L}[t f(t)] = $ _____,$\mathscr{L}[t^2 e^{-3t}] = $ _____.

二、单项选择题(每小题 3 分, 共 15 分)

1. 函数 $f(z) = z \cdot \bar{z}$ 在整个复平面上　　　　　　　　(　)

A. 可导　　　　　　　　　　　　　　B. 解析

C. 不可导;解析　　　　　　　　　　D. 仅在 $z = 0$ 可导;不解析

2. 下列函数中 $z = 0$ 为可去奇点的是　　　　　　　　(　)

A. $f(z) = \dfrac{\sin z}{z}$ 　　　　　　　　B. $f(z) = \dfrac{1}{z(z-1)}$

C. $f(z) = \dfrac{1}{e^z - 1}$ 　　　　　　　　D. $f(z) = e^{\frac{1}{z}}$

3. 记 $\mathscr{F}[f(t)] = F(\omega)$,则 $\mathscr{F}[f(1+t)] = $ 　　　　(　)

A. $F(\omega) e^{-j\omega}$ 　　　　　　　　B. $F(-\omega) e^{-j\omega}$

C. $F(\omega) e^{j\omega}$ 　　　　　　　　D. $F(-\omega) e^{j\omega}$

4. 积分 $\int_0^{+\infty} t e^{-2t} \sin 3t \, dt = $ 　　　　　　　　(　)

A. $\dfrac{3}{13}$ 　　　　　B. $\dfrac{2}{13}$ 　　　　　C. $\dfrac{12}{13^2}$ 　　　　　D. $\dfrac{5}{13^2}$

5. 设 $F(s) = \dfrac{1}{s^2(s-1)}$，则 $\mathscr{L}^{-1}\big[F(s)\big] =$　　　　　　　　　　（　　）

A. $t + e^t$　　　　　　　B. $t - e^t$　　　　　　　C. $t \cdot e^t$　　　　　　　D. $t * e^t$

三、解答题(第 1 题 7 分,第 2 题 10 分,共 17 分)

1. 函数 $f(z) = \bar{z}\,\mathrm{Re}\,z$ 在复平面上何处可导? 何处解析?

2. 证明函数 $u(x,y) = x^2 - y^2$ 为调和函数,求出其共轭调和函数 $v(x,y)$,并写出满足 $f(1) = 1 + \mathrm{i}$ 的解析函数 $f(z) = u + \mathrm{i}v$.

四、(每小题 5 分,共 15 分) 求下列积分(闭曲线皆取正向).

1. $\oint_{|z|=1} \dfrac{\sin^2 z}{z^2 + 2z + 3} dz$;

2. $\oint_{|z|=1} \dfrac{\cos z}{z(z-3)} dz$;

3. $\oint_{|z|=3} \dfrac{\mathrm{e}^{-2z}}{(z-1)^3}\mathrm{d}z.$

五、(每小题 5 分,共 10 分) 指出下列函数的孤立奇点(有限远点处)及其类型,并求其在孤立奇点处的留数.

1. $\dfrac{z\sin z}{z^2+1}$;

2. $z^2 \mathrm{e}^{\frac{1}{z^2}}.$

六、(13分) 已知 $f(t) = e^{-\beta|t|} \ (\beta > 0)$,求 $f(t)$ 的傅里叶变换 $F(\omega)$,写出 $f(t)$ 的傅里叶积分表达式,并验证积分 $\displaystyle\int_0^{+\infty} \frac{\cos \omega t}{\beta^2 + \omega^2} \mathrm{d}\omega = \frac{\pi}{2\beta} e^{-\beta|t|}$.

七、(10分) 用拉普拉斯变换求解方程

$$\begin{cases} y''(t) - 2y'(t) + 2y = 2e^t \cos t, \\ y(0) = y'(0) = 0. \end{cases}$$

模拟试卷 5

一、填空题 (每小题 3 分,共 15 分)

1.已知 $z=(2+2i)^2$,则 z 的三角形式为 _____,

指数形式为 _____.

2.$\mathrm{Ln}(-3i)=$ _____,主值 $=$ _____.

3.已知 $f(t)$ 为无穷次可微函数,$\delta(t)$ 为单位脉冲函数,则 $\int_{-\infty}^{+\infty}\delta(t)f(t)\mathrm{d}t=$

_____,$\mathscr{F}[3\delta(t)+2u(t)]=$ _____.

4.记 $\mathscr{F}[f(t)]=F(\omega)$,则 $\mathscr{F}[f(t-t_0)]=$ _____,

$\mathscr{F}[tf(t)]=$ _____.

5.记 $\mathscr{L}[f(t)]=F(s)$,则 $\mathscr{L}[f''(t)]=$ _____,

$\mathscr{L}[tf(t)]=$ _____.

二、解答题(第 1 题 7 分,第 2 题 8 分,共 15 分)

1.设函数 $f(z)=x^2+axy+by^2+i(cx^2+dxy+y^2)$ 在复平面上处处解析,求 a,b,c,d 的值;

2. 证明函数 $u(x,y)=x^2-y^2+xy$ 为调和函数,求出其共轭调和函数 $v(x,y)$,并写出解析函数 $f(z)=u+\mathrm{i}v$.

三、(每小题 5 分,共 20 分) 求下列积分(闭曲线皆取正向).

1. $\oint_{|z|=2} \dfrac{\mathrm{e}^{2z}}{(z+4\mathrm{i})(z-4)^2}\mathrm{d}z$;

2. $\oint_{|z|=1} \dfrac{\cos 3z}{z(z-2)^2}\mathrm{d}z$;

3. $\oint_{|z-2\mathrm{i}|=3} \dfrac{\mathrm{e}^{-2z}}{z^3}\mathrm{d}z$;

4. $\oint_{|z|=2} \dfrac{3z+2}{z^2+z} dz$.

四、(每小题 4 分,共 8 分) 指出下列函数的孤立奇点(有限远点处)及其类型,并求其在孤立奇点处的留数.

1. $\dfrac{z\,e^z}{z^2-1}$;

2. $\dfrac{\tan(z-1)}{z-1}$.

五、(9分) 将 $f(z) = \dfrac{3z-5}{(z-1)(z-2)}$ 在下列圆环域内展开成洛朗级数：

1. $1 < |z| < 2$；

2. $0 < |z-1| < 1$；

3. $1 < |z-2| < +\infty$.

六、(8 分) 已知 $f(t)=\begin{cases} 2, & -1\leqslant t\leqslant 1, \\ 0, & \text{其他}, \end{cases}$ 求 $f(t)$ 的傅里叶变换 $F(\omega)$，并写出 $f(t)$ 的傅里叶积分表达式.

七、解答题(每小题 5 分，共 15 分)

1. 设 $f(t)=t^3 \mathrm{e}^{-2t}$，求 $\mathscr{L}[f(t)]$；

2. 设 $F(s) = \dfrac{3}{s^2(s^2+1)}$，用两种方法求 $\mathscr{L}^{-1}[F(s)]$；(提示：利用拆分、留数、卷积等知识)

3. 利用拉普拉斯变换求积分 $\displaystyle\int_0^{+\infty} \mathrm{e}^{-2t} \sin 3t \, \mathrm{d}t$.

八、(10分) 用拉普拉斯变换解方程

$$\begin{cases} y'' + 4y' + 3y = \mathrm{e}^{-t}, \\ y(0) = y'(0) = 1. \end{cases}$$